भारत का एल्युमिनियम, इस्पात और चीनी उद्योग

शिव प्रसाद बोस

Published by Joy Bose

विषय – सूची

प्रस्तावना

एल्युमीनियम, स्टील और चीनी भारतीय अर्थव्यवस्था का एक महत्वपूर्ण हिस्सा हैं। एल्युमीनियम का उपयोग विभिन्न प्रकार के अनुप्रयोगों और साइकिल और एल्यूमीनियम पन्नी से लेकर उत्पादों में किया जाता है। स्टील (इस्पात) का व्यापक रूप से इंजीनियरिंग और निर्माण उद्योग में उपयोग किया जाता है, और कारों, उपकरणों और चिकित्सा उपकरणों सहित विभिन्न वस्तुओं के निर्माण में। खाद्य उद्योग में चीनी का व्यापक रूप से उपयोग किया जाता है। इन सभी उद्योगों में भारत का दुनिया में एक उत्पादक देश के साथ-साथ उपभोग करने वाले देश के रूप में एक महत्वपूर्ण स्थान है।

इस पुस्तक में, हम इन तीन उद्योगों का विस्तार से वर्णन करते हैं । हम कच्चे माल का उत्पादन करने वाले क्षेत्रों, और निर्माण प्रक्रियाओं से शुरू होते हैं। साथ ही साथ भारत में मुख्य संयंत्रों और कंपनियों पर चर्चा की गई है जहां एल्युमिनियम, स्टील और चीनी का उत्पादन किया जाता है।

समर्पण

यह पुस्तक भारत में एल्युमिनियम, स्टील (इस्पात) और चीनी उद्योग में काम करने वाले सभी लोगों को समर्पित है।

स्वीकृतियाँ

इस पुस्तक को लिखते समय निम्नलिखित महत्वपूर्ण पुस्तकों और संदर्भों का सहारा लिया गया:

- McGraw Hill Concise Encyclopedia of Science and Technology. Sybil P Parker, Eds. Mc Graw Hill, 1984.
- Encyclopaedia of Occupational Health and Safety. Volume 1. Third Revised Edition, 1989. ILO Geneva.
- Wikipedia en.wikipedia.org

हम इसके उपयोग से निर्मित एआई उत्पन्न कला के लिए मिडजर्नी एआई (Midjourney AI) के आभारी हैं। इस पुस्तक में कुछ दृष्टांतों के लिए AI कला का उपयोग किया गया है।

अध्याय 1: एल्युमीनियम का परिचय

इस अध्याय में हम एल्युमिनियम और उसके गुणों और अनुप्रयोगों पर चर्चा करते हैं।

1.1 एल्युमिनियम क्या है

एल्युमीनियम पृथ्वी पर बहुतायत में पाई जाने वाली धातु है। रासायनिक रूप से इसका प्रतीक Al है, इसकी परमाणु संख्या 26 है और यह आवर्त सारणी के समूह 3 में पाया जाता है। शुद्ध एल्युमीनियम नरम होता है, लेकिन इसकी ताकत बढ़ाने के लिए इसे अन्य धातुओं और तत्वों के साथ मिश्र धातुओं में ढाला जा सकता है। एल्यूमीनियम मिश्र धातु हल्के और मजबूत होते हैं। वे आसानी से धातु की प्रक्रिया, आसानी से जुड़ने या ढलने से बन सकते हैं। इन सभी विशेषताओं के कारण एल्युमिनियम दुनिया की सबसे अधिक इस्तेमाल की जाने वाली अलौह धातु बन गई है।

एल्युमिनियम अकेले प्रकृति में नहीं पाया जाता है, बल्कि एल्यूमीनियम सिलिकेट (एल्यूमिना या Al_2O_3 और सिलिकॉन डाइऑक्साइड से प्राप्त) जैसे खनिजों में रासायनिक यौगिकों में पाया जाता है। यह विभिन्न पौधों और चट्टानों में पाया जाता है। जब ये खनिज विलयन में जाते हैं, तो रासायनिक स्थितियों के आधार पर, एल्युमीनियम को घोल से बाहर निकाला जा सकता है, आमतौर पर एल्यूमिना जैसे खनिजों के इलेक्ट्रोलिसिस द्वारा।

1.2 एल्यूमीनियम के अनुकूल गुण

एल्यूमीनियम के गुण, जिसके परिणामस्वरूप इसका व्यापक उपयोग होता है, में निम्नलिखित शामिल हैं:

- एल्युमीनियम पृथ्वी की पपड़ी, चट्टानों और पौधों में प्रचुर मात्रा में पाया जाता है
- एल्युमीनियम वजन में हल्का होता है, जो स्टील के वजन का एक तिहाई होता है
- एल्युमीनियम लचीला होता है और अन्य धातुओं के साथ आसानी से ढाला जा सकता है
- एल्यूमीनियम रसायनों द्वारा जंग के अधिकांश रूपों के लिए प्रतिरोधी है, और समुद्र के पानी सहित पानी से जंग के लिए भी प्रतिरोधी है।
- एल्यूमीनियम गैर-दहनशील है, जो ज्वलनशील और विस्फोटक सामग्री से निपटने या जोखिम वाले अनुप्रयोगों में महत्वपूर्ण है।
- एल्युमीनियम विषैला नहीं होता है, जो खाद्य कंटेनरों के लिए एक उपयोगी गुण है।
- एल्युमिनियम नॉन-फेरोमैग्नेटिक है, जो इलेक्ट्रिकल और इलेक्ट्रॉनिक्स कंपोनेंट्स में उपयोगी है।
- एल्युमीनियम बिजली का अच्छा संवाहक है और गर्मी को तेजी से दूर भगा सकता है। यह उत्कृष्ट विद्युत और तापीय चालकता प्रदर्शित करता है। हालांकि, कुछ विशिष्ट मिश्र धातुओं को विद्युत प्रतिरोधकता के उच्च स्तर के साथ विकसित किया गया है।
- एल्यूमीनियम की सतह अत्यधिक परावर्तक हो सकती है। दीप्तिमान ऊर्जा, दृश्य प्रकाश, दीप्तिमान ऊष्मा और विद्युत चुम्बकीय तरंगें कुशलता से परिलक्षित होती हैं, जबकि एनोडाइज्ड और डार्क एनोडाइज्ड सतहें परावर्तक शोषक हो सकती हैं। पॉलिश एल्यूमीनियम की परावर्तन संपत्ति का मतलब है कि यह विभिन्न प्रकार के सजावटी और कार्यात्मक उपयोगों के लिए चुना जाता है।

1.3 बॉक्साइट या एल्युमिनियम अयस्क क्या है

बॉक्साइट एल्यूमीनियम के लिए अयस्क है, एल्यूमीनियम उत्पादन के लिए प्रमुख कच्चे माल में से एक है। यह एक चट्टान का नाम है, जो विभिन्न प्रकार के उत्पादों से बना है जिसमें मुख्य रूप से हाइड्रेटेड एल्यूमीनियम ऑक्साइड और एल्युमिनस लेटराइट शामिल हैं। यह खनिजों का मिश्रण है और अपने आप में खनिज नहीं है।

बॉक्साइट प्रकृति में विभिन्न प्रकार की संरचनाओं, बनावटों और रंगों में होता है। रंग लोहे के आक्साइड की सामग्री पर निर्भर करता है और सफेद से लेकर गहरा, लाल या भूरा होता है।

खानों से बॉक्साइट को केंद्रित सोडियम हाइड्रॉक्साइड के साथ इलाज किया जाता है, जिसके परिणामस्वरूप सोडियम एल्यूमिनेट का घुलनशील समाधान होता है। पानी से छानने और गर्म करने के बाद, यह एल्यूमीनियम हाइड्रॉक्साइड देता है जिसे आगे गर्म करके एल्यूमीनियम दिया जाता है।

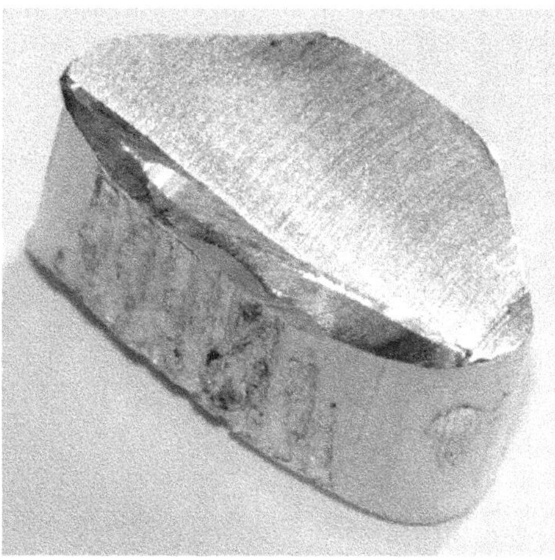

चित्र: एल्युमिनियम धातु का एक टुकड़ा. *By Unknown author - http://images-of-elements.com/aluminium.php, CC BY 3.0, https://commons.wikimedia.org/w/index.php?curid=9084427*

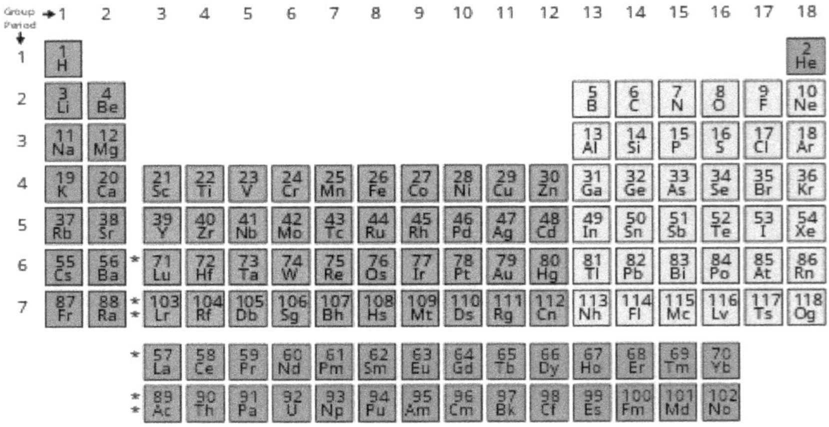

चित्र: आवर्त सारणी, एल्युमीनियम प्रतीक अल, पंक्ति 3 कॉलम 13, परमाणु संख्या 13 है. User:Double sharp, based on File:Simple Periodic Table Chart-en.svg by User:Offnfopt, CC BY-SA 4.0 <https://creativecommons.org/licenses/by-sa/4.0>, via Wikimedia Commons

1.4 एल्यूमीनियम के अनुप्रयोग

एल्युमीनियम का उपयोग विभिन्न क्षेत्रों में किया जाता है, जिनमें निम्नलिखित शामिल हैं:

- निर्माण उद्योग, जैसे कि दरवाजे, खिड़कियां और आवरण
- एयरोस्पेस और जहाज निर्माण उद्योग
- खाने-पीने की चीजों की पैकेजिंग, जैसे एल्युमिनियम फॉयल और सोडा कैन
- बिजली लाइनों और केबलों और ओवरहेड कंडक्टर, स्विचबोर्ड, कॉइल और कैपेसिटर के लिए
- मशीनरी और कार के पुर्जे

- घरेलू बर्तनों और खाद्य कंटेनरों के लिए, एल्यूमीनियम की गैर विषैले प्रकृति के कारण
- जल उपचार और विभिन्न प्रकार की दवाओं के लिए
- इलेक्ट्रिकल और इलेक्ट्रॉनिक्स उद्योगों में, इसके गैर-चुंबकीय गुणों के कारण
- इसकी उच्च चालकता और यांत्रिक शक्ति के कारण, एल्यूमीनियम का व्यापक रूप से उच्च वोल्टेज एल्यूमीनियम स्टील कवर प्रबलित ट्रांसमिशन केबल में उपयोग किया जाता है

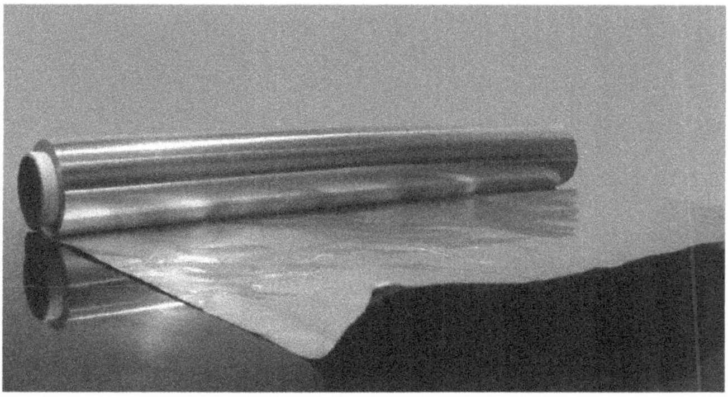

चित्र: एल्युमिनियम फॉयल का एक रोल. MdeVicente, CC0, via Wikimedia Commons

चित्र: सोडा के लिए एल्युमिनियम कैन. Marcos André, CC BY 2.0 <https://creativecommons.org/licenses/by/2.0>, via Wikimedia Commons

अध्याय 2: एल्यूमिनियम धातुकर्म

इस अध्याय में हम एल्युमीनियम मेटलर्जी (धातु विज्ञान) की प्रक्रिया का चर्चा करते हैं।

2.1 एल्युमीनियम धातु विज्ञान क्या है

एल्युमिनियम मेटलर्जी (धातु विज्ञान) एल्युमिनियम के अयस्क से उसके निष्कर्षण और उसके बाद के शुद्धिकरण और प्रसंस्करण के लिए इस्तेमाल किया जाने वाला वाक्यांश है।

एल्यूमीनियम के उत्पादन के लिए सबसे व्यापक रूप से इस्तेमाल की जाने वाली तकनीक में दो चरण होते हैं:

- बॉक्साइट जैसे अयस्कों से एल्युमिना का निष्कर्षण और शुद्धिकरण। परिणाम परिष्कृत एल्यूमिना है। (**बायर प्रक्रिया**)
- फ्यूज्ड क्रायोलाइट बाथ में घुलने के बाद ऑक्साइड का इलेक्ट्रोलिसिस। (**हॉल-हेरोल्ट प्रक्रिया**)

बॉक्साइट एल्युमीनियम के उत्पादन के लिए सबसे अधिक इस्तेमाल किया जाने वाला कच्चा माल है।

2.2 बॉक्साइट से एल्युमिना निष्कर्षण के लिए बायर प्रक्रिया

बॉक्साइट से एल्युमीनियम निष्कर्षण और शोधन प्रक्रिया, जिसे **बायर प्रक्रिया** भी कहा जाता है, इस प्रकार है:

- एल्यूमीनियम अयस्क, मुख्य रूप से बॉक्साइट को कुचल कर पीसा जाता है।

- फिर अयस्क उच्च तापमान और दबाव पर पच जाता है। कास्टिक सोडा (सोडियम हाइड्रॉक्साइड या NaOH) के एक मजबूत घोल में इसे 1300 डिग्री सेल्सियस तक के तापमान पर जोरदार गर्म किया जाता है।
- जिबसाइट, जो एल्यूमीनियम हाइड्रॉक्साइड या एल्यूमिना ट्राइहाइड्रेट या $Al(OH)_3$ का एक खनिज रूप है, बॉक्साइट में बोहेमाइट या डायस्पोर के साथ घुलनशील सोडियम एल्युमिनेट बनाने के लिए कास्टिक सोडा के साथ प्रतिक्रिया करता है। अवशेष, जिसे लाल मिट्टी के रूप में जाना जाता है, में अघुलनशील अशुद्धियाँ होती हैं। लाल मिट्टी को घोल से अलग किया जाता है।
- ठंडा करने के बाद, घोल को विनियमित सिंथेटिक जिबसाइट के साथ बोया जाता है और उत्तेजित किया जाता है।
- एल्यूमिना का एक बड़ा हिस्सा जो घोल में मौजूद होता है, फिर जिबसाइट के रूप में क्रिस्टलीकृत हो जाता है। एल्यूमिना में लगभग 0.3 से 0.8% सोडा, 0.1% आयरन ऑक्साइड और सिलिका के साथ एल्युमीनियम ऑक्साइड होता है, और अन्य ऑक्साइड की ट्रेस मात्रा होती है।

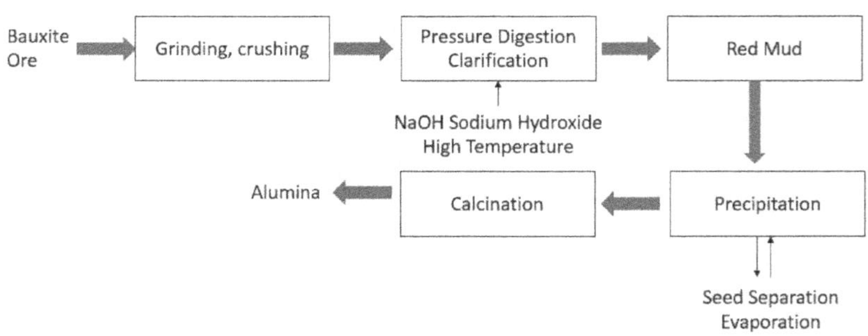

चित्र: बॉक्साइट अयस्क से एल्युमिना के निष्कर्षण के लिए शोधन प्रक्रिया (बायर प्रक्रिया) का प्रवाह

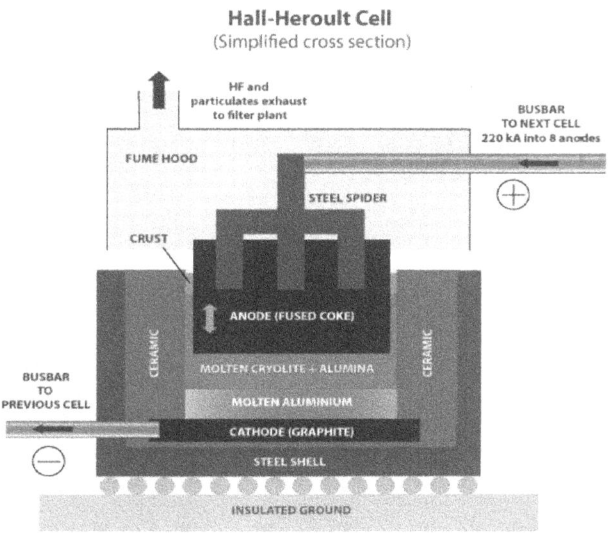

चित्र: एल्युमिनियम के निर्माण के लिए एक हॉल-हेरोल्ट औद्योगिक सेल। By Kashkhan at English Wikipedia, CC BY-SA 3.0, https://commons.wikimedia.org/w/index.php?curid=6864903

2.3 इलेक्ट्रोलिसिस द्वारा एल्युमीनियम से निष्कर्षण के लिए हॉल-हेरोल्ट प्रक्रिया

इलेक्ट्रोलिसिस द्वारा परिष्कृत एल्यूमिना से एल्यूमीनियम धातु के उत्पादन के लिए, **हॉल-हेरोल्ट प्रक्रिया** इस प्रकार है:

- स्मेल्टर में, एल्युमिना कोशिकाओं या बर्तनों में घुल जाता है। ये आयताकार होते हैं, स्टील से बने होते हैं और कार्बन के साथ पंक्तिबद्ध होते हैं जिसमें पिघला हुआ इलेक्ट्रोलाइट या बाथ होता है जिसमें ज्यादातर क्रायोलाइट होते हैं। घोल में आमतौर पर 2-8% एल्यूमिना होता है।

- कार्बन एनोड्स कोशिकाओं के ऊपर से लटकाए जाते हैं, उनके निचले सिरे पिघले हुए धातु के 3.8 सेंटीमीटर के भीतर फैले होते हैं, जो पिघले हुए घोल के नीचे एक परत बनाते हैं। बेल्ट को पिघलाए रखने के लिए आवश्यक गर्मी की आपूर्ति घोल के विद्युत प्रतिरोध द्वारा की जाती है क्योंकि विद्युत प्रवाह इसके माध्यम से गुजरता है।
- इलेक्ट्रोलाइट के माध्यम से विद्युत प्रत्यक्ष प्रवाह का मार्ग भंग एल्यूमिना को विघटित करता है। कैथोड पर धातु जमा होती है, और एनोड पर ऑक्सीजन जमा होती है जो धीरे-धीरे खपत होती है।
- गलाने की प्रक्रिया निरंतर है। एल्यूमिना जोड़ा जाता है, एनोड्स को बदल दिया जाता है और पिघला हुआ एल्यूमीनियम समय-समय पर कोशिकाओं को वर्तमान में बाधित किए बिना बंद कर दिया जाता है।
- पिघले हुए एल्युमीनियम को गलाने वाली कोशिकाओं से बड़े क्रूसिबल में बहाया जाता है।
- वहां से एल्यूमीनियम धातु को फाउंड्री सिल्लियां बनाने के लिए सीधे सांचों में डाला जा सकता है, या आगे की रिफाइनिंग के लिए होल्डिंग फर्नेस में स्थानांतरित किया जा सकता है या फैब्रिकेटिंग सिल्लियां बनाने के लिए अन्य धातुओं के साथ मिश्रित किया जा सकता है। जैसा कि यह सेल से आता है, जो एल्यूमीनियम का उत्पादन होता है वह लगभग 99.8% शुद्धता का औसत होता है।

2.4 स्क्रैप से एल्युमीनियम का निष्कर्षण

उन संयंत्रों में जो स्मेल्टर से सटे नहीं हैं, उन्हें फिर से पिघलाना आवश्यक है, आमतौर पर संरचना नियंत्रण प्रदान करने के लिए पर्याप्त प्राथमिक धातु के साथ स्क्रैप (मिल स्क्रैप या लौटा स्क्रैप) शामिल होता है। स्क्रैप रीसाइक्लिंग पिछले कुछ वर्षों में काफी आर्थिक महत्व तक बढ़ गया है और

प्राथमिक स्रोतों से एल्यूमीनियम के निष्कर्षण की तुलना में बहुत कम ऊर्जा लागत पर एल्यूमीनियम का एक मूल्यवान स्रोत प्रदान करता है।

2.5 एल्युमिनियम इन्गॉट्स की कास्टिंग के लिए डायरेक्ट चिल प्रोसेस

एल्यूमीनियम और अन्य धातुओं के ठोस सिल्लियों के लिए सबसे आम प्रकार की कास्टिंग विधियों को DC या **डायरेक्ट चिल प्रक्रिया** कहा जाता है।

प्रक्रिया में निम्नलिखित चरण शामिल हैं:

- पिघला हुआ एल्यूमीनियम धातु एक छोटे सांचे में डाला जाता है, जो लगभग 7.5 से 15 सेंटीमीटर गहरा होता है जिसे पानी से ठंडा किया जाता है। धातु की एक बाहरी परत सांचे में जम जाती है।
- सांचे का आधार एक अलग मंच है जिसे धातु के जमने के दौरान धीरे-धीरे एक गड्ढे में उतारा जाता है।
- धातु का जमी हुआ बाहरी आवरण अभी भी तरल भागों को बनाए रखता है जब खोल मोल्ड की दीवार के पीछे होता है।
- सांचे को छोड़ने के बाद, पानी को नए एल्यूमीनियम पिंड में तब तक छिड़का जाता है जब तक कि वह जम न जाए।

2.6 निष्कर्ष

इस अध्याय में हमने बॉक्साइट अयस्क से एल्युमिनियम बनाने की प्रक्रिया के बारे में चर्चा की है।

अध्याय 3: एल्यूमीनियम के मिश्र धातु

इस अध्याय में हम एल्युमिनियम की सामान्य मिश्रधातुओं से संबंधित कुछ पहलुओं से गुजरते हैं।

3.1 एल्युमीनियम मिश्र धातु क्या हैं

एल्युमीनियम मिश्र धातु वे पदार्थ होते हैं जो एक या एक से अधिक तत्वों, आमतौर पर धातुओं को एल्यूमीनियम में जोड़कर बनते हैं। प्रमुख मिश्र धातु तत्व आमतौर पर मैग्नीशियम, सिलिकॉन, तांबा, जस्ता, टिन, निकल या मैंगनीज में से एक होता है। एल्युमिनियम की मिश्रधातु से कई प्रकार के गुण पैदा होते हैं जिनके व्यापक औद्योगिक अनुप्रयोग हैं।

इस तरह के मिश्र धातुओं का उपयोग विमान निर्माण, साइकिल और कारों के साथ-साथ घरों में इस्तेमाल होने वाले बिजली के तारों जैसे अनुप्रयोगों में किया जाता है।

गढ़ा मिश्र धातुओं में, जो एल्यूमीनियम का सबसे बड़ा उपयोग करते हैं, मिश्र धातुओं की पहचान nxxx के चार अंकों की संख्या से की जाती है, जब n मिश्र धातु प्रकार और प्रमुख मिश्र धातु तत्व को दर्शाता है। अंतरराष्ट्रीय मिश्र धातु पदनाम प्रणाली में 4 अंकों की संख्या प्रक्रिया होती है, जिसमें 1000 श्रृंखला अनिवार्य रूप से शुद्ध एल्यूमीनियम होती है।

लोहा और सिलिकॉन आमतौर पर एल्यूमीनियम मिश्र धातुओं में अशुद्धियों के रूप में मौजूद होते हैं, हालांकि विशिष्ट यांत्रिक या भौतिक गुणों का उत्पादन करने के लिए राशि को नियंत्रित किया जा सकता है। साथ ही, विशिष्ट गुणों को प्राप्त करने के लिए मिश्र धातुओं में अन्य तत्वों की मामूली मात्रा को जोड़ा जा सकता है। ऐसे तत्वों में Cr, Zr, V, लेड (Pb) और Bi शामिल हैं। विशिष्ट कास्ट संरचना प्राप्त करने के लिए टाइटेनियम जोड़ा जा सकता है।

3.2 एल्यूमीनियम मिश्र धातु कैसे गढ़ी जाती है

एल्युमीनियम मिश्र धातुओं को धातु के काम के लिए जाने जाने वाले सभी तरीकों से गढ़ा जाता है और पाउडर से बने कॉम्पैक्ट या पापी आकृतियों में रोलिंग, एक्सट्रैक्टिंग, फोर्जिंग या ड्राइंग द्वारा उत्पादित गढ़ा रूपों में व्यावसायिक रूप से उपलब्ध होता है। वे विभिन्न प्रकार की प्रक्रियाओं द्वारा बनाए गए अन्य अखंड रूपों में भी हो सकते हैं।

इसके अलावा, जटिल आकृतियों और संरचनाओं को बनाने के लिए अलग-अलग उत्पादित टुकड़ों को एक सामान्य जुड़ने की प्रक्रिया का उपयोग करके इकट्ठा किया जा सकता है।

3.3 निष्कर्ष

इस अध्याय में हमने एल्युमीनियम मिश्रधातुओं और उनके निर्माण के बारे में चर्चा की है।

अध्याय 4: भारत में एल्यूमिनियम संयंत्र और बॉक्साइट खान

इस अध्याय में हम भारत में बॉक्साइट के भंडार के रूप में एल्युमीनियम अयस्क की उपलब्धता के बारे में चर्चा करते हैं।

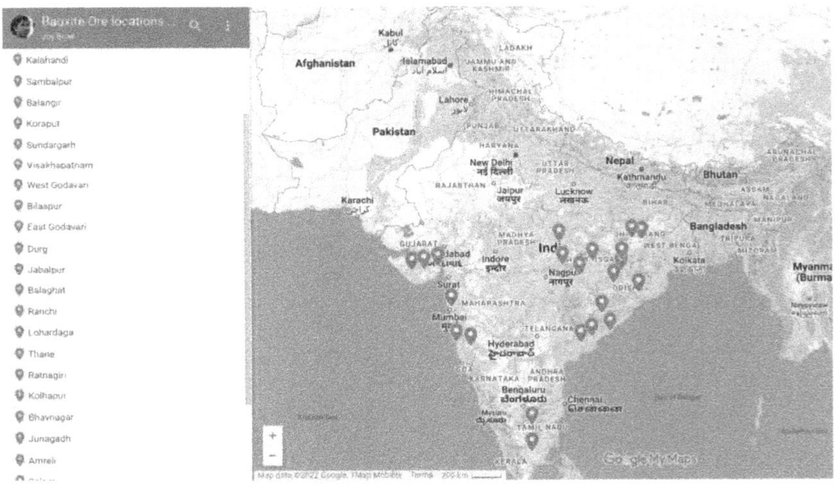

चित्र: भारत में बॉक्साइट खानों के स्थानों को दर्शाने वाला मानचित्र। Google My Map के साथ बनाया गया।

4.1 भारत में बॉक्साइट के भंडार

भारत के पास एल्यूमीनियम अयस्क या बॉक्साइट का विशाल भंडार है, जिसके लिए यह दुनिया में 5वें स्थान पर है। इसके पास 2300 मिलियन टन या विश्व के भंडार का लगभग 7% भंडार है। भारत ने 2024 में लगभग 4.15 मिलियन टन एल्युमीनियम का उत्पादन कियाकिया। इससे भारत दुनिया

का चौथा सबसे बड़ा एल्युमीनियम उत्पादक देश बन गया है, जिसकी वैश्विक उत्पादन में 5.3% हिस्सेदारी है। 2024 में घरेलू एल्युमीनियम खपत लगभग 4.5 मिलियन टन थी, और 2030 तक यह 8.3 मिलियन टन तक पहुँचने का अनुमान है। भारत का एल्युमीनियम बाजार 2024 में लगभग USD 13.77 बिलियन का था, जो 2030 तक USD 18.84 बिलियन तक पहुँचने की संभावना है।

बॉक्साइट मुख्य रूप से भारत के तटीय, पहाड़ी और प्रायद्वीपीय क्षेत्रों में पाया जाता है।

भारत में मुख्य बॉक्साइट उत्पादक राज्यों में ओडिशा, गुजरात, झारखंड, महाराष्ट्र, छत्तीसगढ़, तमिलनाडु और मध्य प्रदेश शामिल हैं।

इनमें से ओडिशा राज्य भारत में बॉक्साइट का सबसे बड़ा उत्पादक है, जो देश के कुल उत्पादन का लगभग आधा उत्पादन करता है। ओडिशा में कालाहांडी, संबलपुर, बलांगीर, कोरापुट और सुंदरगढ़ जिले बॉक्साइट उत्पादक बेल्ट से संबंधित हैं।

अन्य महत्वपूर्ण जिलों में निम्नलिखित शामिल हैं:

- आंध्र प्रदेश में विशाखापत्तनम और पूर्वी और पश्चिमी गोदावरी जिले
- छत्तीसगढ़ में बिलासपुर और दुर्ग
- मध्य प्रदेश में जबलपुर और बालाघाट
- झारखंड में रांची और लोहरदगा
- महाराष्ट्र में ठाणे, रत्नागिरी और कोल्हापुर
- गुजरात में भावनगर, जूनागढ़ और अमरेली
- तमिलनाडु में सलेम और मदुरै

चित्र: भारत में बॉक्साइट की खान। NALCO से लिया गया

4.2 निष्कर्ष

इस अध्याय में हमने भारत में महत्वपूर्ण बॉक्साइट भंडारों के स्थान पर चर्चा की है।

अध्याय 5: भारत में एल्युमीनियम कंपनियाँ

इस अध्याय में, हम एल्युमीनियम के मुख्य अनुप्रयोगों और भारत में एल्युमीनियम की प्रमुख उत्पादक कंपनियों की चर्चा करते हैं।

5.1 भारत में एल्युमीनियम के अनुप्रयोग

इसकी व्यापक उपलब्धता और अन्य धातुओं की तुलना में अपेक्षाकृत कम कीमत के कारण, भारत में एल्यूमीनियम सबसे व्यापक रूप से इस्तेमाल की जाने वाली अलौह धातु है।

एल्युमीनियम का व्यापक रूप से रसोई के उपकरण जैसे बर्तन और पैन बनाने के लिए उपयोग किया जाता है।

चित्र: एनोडाइज्ड एल्युमिनियम पैन. By FiveRings, Public domain, via Wikimedia Commons.

एल्युमिनियम का उपयोग विभिन्न प्रकार के उद्योगों में भी किया जाता है, क्योंकि इसकी अनुकूल विशेषताओं जैसे कि हल्के, संक्षारण प्रतिरोध और स्थायित्व के साथ-साथ इसके मिश्र धातुओं के गुणों की विविधता भी होती है।

भारत में एल्युमीनियम का व्यापक रूप से परिवहन उद्योग द्वारा सभी प्रकार के वाहन बनाने के लिए उपयोग किया जाता है। एल्युमिनियम का उपयोग वायुयानों की बॉडी बनाने में किया जाता है। इसका उपयोग विभिन्न प्रकार के सड़क वाहनों जैसे साइकिल, बस, ट्रक और वैन बनाने में किया जाता है। इसका उपयोग रेलवे कोच और माल वैगन बनाने में किया जाता है। इसी प्रकार इसका उपयोग जहाज और नाव बनाने में किया जाता है।

विद्युत उद्योग में एल्युमीनियम का व्यापक रूप से उपयोग किया जाता है, जैसे कि बिजली के तार, कैपेसिटर, कॉइल, स्विचबोर्ड आदि बनाने के लिए। इसका उपयोग विनिर्माण उद्योग द्वारा विभिन्न प्रकार की मशीनरी और उपकरण बनाने के लिए किया जाता है। इसका उपयोग खाद्य उद्योग द्वारा खाद्य पैकेजिंग और एल्यूमीनियम पन्नी के लिए किया जाता है। इसका उपयोग निर्माण उद्योग में दरवाजे और खिड़कियां बनाने और छतरियां और तंबू जैसे मौसमरोधी हल्के वजन के निर्माण के लिए किया जाता है।

5.2 भारत की प्रमुख एल्युमिनियम कंपनियाँ

भारत में एल्युमिनियम कंपनियों में निम्नलिखित शामिल हैं:

- नेशनल एल्युमिनियम कंपनी या नाल्को
- हिंडाल्को इंडस्ट्रीज
- वेदांता समूह में भारत एल्युमीनियम कंपनी या बाल्को सहित कई छोटी कंपनियां शामिल हैं

साथ में, ये तीन समूह भारत में एल्यूमीनियम उत्पादन पर हावी हैं। निम्नलिखित अनुभागों में हम इन तीन समूहों और अन्य एल्यूमीनियम कंपनियों पर अधिक विस्तार से चर्चा करेंगे।

चित्र: एल्युमिनियम स्मेल्टर। NALCO से लिया गया

5.3 नाल्को (नेशनल एल्युमीनियम कंपनी)

विकिपीडिया से

https://en.wikipedia.org/wiki/National_Aluminium_Company

नेशनल एल्युमिनियम कंपनी लिमिटेड, जिसे नाल्को के रूप में संक्षिप्त किया गया है, (1981 में निगमित) एक सरकारी कंपनी है, जो खान मंत्रालय और भारत सरकार के स्वामित्व में खनन, धातु और बिजली में एकीकृत और विविधीकृत संचालन करती है। वर्तमान में, भारत सरकार की नाल्को में 51.5% इक्विटी है। [2] यह देश के सबसे बड़े एकीकृत बॉक्साइट- एल्यूमिना- एल्युमिनियम- पावर कॉम्प्लेक्स में से एक है, जिसमें बॉक्साइट खनन, एल्यूमिना रिफाइनिंग, एल्यूमीनियम स्मेल्टिंग और कास्टिंग, बिजली उत्पादन, रेल और बंदरगाह संचालन शामिल हैं। [1] वुड मैकेंजी की रिपोर्ट के अनुसार कंपनी दुनिया में धातुकर्म ग्रेड एल्यूमिना की सबसे कम लागत वाली उत्पादक और दुनिया में बॉक्साइट की सबसे कम लागत वाली उत्पादक है। निरंतर गुणवत्ता वाले उत्पादों के साथ, कंपनी की निर्यात आय वर्ष 2018-19 में बिक्री कारोबार का लगभग 42% थी और कंपनी को सार्वजनिक उद्यम सर्वेक्षण रिपोर्ट के अनुसार तीसरे सबसे अधिक शुद्ध निर्यात आय वाले CPSE के रूप में दर्जा दिया गया है।

5.4 हिंडाल्को इंडस्ट्रीज

विकिपीडिया से https://en.wikipedia.org/wiki/Hindalco_Industries: *हिंडाल्को इंडस्ट्रीज लिमिटेड एक भारतीय एल्यूमीनियम और तांबे की निर्माण कंपनी है, जो आदित्य बिड़ला समूह की सहायक कंपनी है। [4] इसका मुख्यालय मुंबई, महाराष्ट्र, भारत में है। कंपनी की वार्षिक बिक्री US$34 बिलियन है और इसमें लगभग 20,000 लोग कार्यरत हैं। [3] यह फोर्ब्स ग्लोबल 2000 में 895 वें स्थान पर सूचीबद्ध है। [5] मई 2024 के अंत तक इसका बाजार पूंजीकरण US$12 बिलियन था। [6] हिंडाल्को दुनिया की सबसे बड़ी एल्यूमीनियम रोलिंग कंपनियों में से एक है और एशिया में प्राथमिक एल्यूमीनियम के सबसे बड़े उत्पादकों में से एक है।*

5.5 वेदांत समूह

विकिपीडिया से https://en.wikipedia.org/wiki/Vedanta_Limited

वेदांत लिमिटेड एक भारतीय बहुराष्ट्रीय खनन कंपनी है जिसका मुख्यालय मुंबई, भारत में है, जिसका मुख्य संचालन गोवा, कर्नाटक, राजस्थान और ओडिशा में लौह अयस्क, सोने और एल्यूमीनियम की खानों में है। [4]

5.6 अन्य कंपनियां

भारत में अन्य एल्यूमिनियम कंपनियों में शामिल हैं:

- इंडिया फॉयल लिमिटेड
- सचेता मेटल्स
- जिंदल एल्युमिनियम
- मद्रास एल्युमिनियम कंपनी लिमिटेड (MALCO)
- इंडियन एल्युमिनियम कंपनी लिमिटेड (INDAL)
- सेंचुरी एक्सट्रूज़न लिमिटेड

एक अन्य प्रमुख एल्युमीनियम कंपनी भारत एल्युमीनियम कंपनी लिमिटेड (बाल्को) थी। इसे भारत सरकार द्वारा 2000 में वेदांत को बेच दिया गया था।

5.7 निष्कर्ष

इस अध्याय में, हमने एल्युमीनियम के कुछ महत्वपूर्ण उपयोगों के साथ-साथ भारत में इसका उत्पादन करने वाली कंपनियों, सरकारी क्षेत्र के साथ-साथ निजी क्षेत्र, दोनों पर चर्चा की है।

अध्याय 6: स्टील (इस्पात) का परिचय

इस अध्याय में हम स्टील, इसकी मिश्र धातुओं और इसके मुख्य अनुप्रयोगों का परिचय देंगे।

6.1 स्टील क्या है और स्टील मिश्र क्या हैं?

स्टील किसी भी मिश्र धातु को दिया गया नाम है जिसमें प्रमुख घटक के रूप में महान तत्व लोहा (Fe) और प्रमुख मिश्र धातु तत्व के रूप में कार्बन (C) की थोड़ी मात्रा होती है।

इन मिश्र धातुओं को कार्बन स्टील्स के रूप में अधिक उचित रूप से संदर्भित किया जाता है। कार्बन स्टील्स दुनिया भर में उत्पादित स्टील्स के 90% से अधिक टन का निर्माण करते हैं। मैंगनीज, सिलिकॉन, क्रोमियम (Cr), मोलिब्डेनम (Mo) और निकल (Ni) जैसे अन्य तत्वों की छोटी मात्रा, आम तौर पर कुछ प्रतिशत के क्रम में भी कार्बन स्टील्स में मौजूद हो सकती है। हालांकि, जब विशेष गुणों को प्राप्त करने के लिए बड़ी मात्रा में मिश्र धातु तत्वों को लोहे में जोड़ा जाता है, तो मिश्र धातुओं का वर्णन करने के लिए अन्य शब्दों का उपयोग किया जाता है। उदाहरण के लिए, स्टेनलेस स्टील का उत्पादन करने के लिए भारी मात्रा में लगभग 12% अधिक क्रोमियम मिलाया जाता है।

स्टील को लौह अयस्क से बनाया जाता है, जो ऑक्साइड के उत्पादन के लिए ऑक्सीजन जैसे अन्य तत्वों के साथ लोहे के प्राकृतिक रूप से पाए जाने वाले यौगिक हैं। लौह अयस्क को जमीन से निकाला जाता है और विभिन्न प्रक्रियाओं का उपयोग करके स्टील में परिवर्तित किया जाता है। लौह अयस्क में महत्वपूर्ण ऑक्साइड मैग्नेटाइट, हेमेटाइट, गोइथाइट, लिमोनाइट और सिडेराइट हैं। वे भूरे से गहरे लाल रंग में भिन्न होते हैं। इनमें से मैग्नेटाइट (Fe_3O_4) और हेमेटाइट (Fe_2O_3) प्रमुख स्रोत हैं।

चित्र: हेमेटाइट, लौह अयस्क का एक रूप. CC BY-SA 2.0 br, https://commons.wikimedia.org/w/index.php?curid=333366

6.2 स्टील में निहित कार्बन की मात्रा के अनुसार स्टील के प्रकार:

स्टील तीन प्रकार के होते हैं, जिन्हें कार्बन की मात्रा के अनुसार वर्गीकृत किया जाता है:

- **लो-कार्बन स्टील्स** को आमतौर पर माइल्ड स्टील्स कहा जाता है और इसमें 0.25% से कम कार्बन होता है। ये स्टील्स आमतौर पर गर्म काम किए जाते हैं और बीम और अन्य संरचनात्मक अनुप्रयोगों को बनाने के लिए बड़े टन भार में उत्पादित होते हैं।
- **मध्यम कार्बन स्टील्स** में 0.25 से 0.70% कार्बन होता है और अक्सर मशीन घटकों को बनाने के लिए उपयोग किया जाता है जिसके लिए उच्च शक्ति और अच्छे थकान प्रतिरोध की आवश्यकता होती है।
- **उच्च कार्बन स्टील्स** में 0.7% से अधिक कार्बन होता है और वे अपनी उच्च कठोरता और कम क्रूरता के कारण एक विशेष श्रेणी में आते हैं। गुणों का यह संयोजन उच्च कार्बन स्टील्स को उन अनुप्रयोगों के लिए अच्छा बनाता है जहां टूट-फूट का प्रतिरोध महत्वपूर्ण है, और व्यापक लोडिंग भंगुर फ्रैक्चर को कम करता है जो तन्य लोडिंग पर विकसित हो सकता है।

6.3 निष्कर्ष

इस अध्याय में हमने स्टील और इसकी मिश्र धातुओं के साथ-साथ विभिन्न प्रकार के स्टील का परिचय दिया है।

अध्याय 7: स्टील (इस्पात) की निर्माण प्रक्रिया

इस अध्याय में हम स्टील के निर्माण के लिए धातुकर्म प्रक्रियाओं से संबंधित पहलुओं का परिचय देते हैं।

7.1 इस्पात निर्माण प्रक्रिया क्या है

स्टील निर्माण उस क्रम को दिया गया नाम है जिसके माध्यम से ब्लास्ट फर्नेस आयरन, स्क्रैप आयरन और मिश्र धातु के योगों को संयोजित करने और उन्हें स्टील और अवशिष्ट स्लैग की वांछित रचनाओं में अलग करने के लिए संसाधित किया जाता है।

स्टील का निर्माण तकनीकी और आर्थिक विचारों के जटिल अंतर्संबंध के परिणामस्वरूप व्यापक प्रभाव वाला एक जबरदस्त उद्योग है।

7.2 इस्पात निर्माण प्रक्रिया के प्रकार

रासायनिक रूप से, सभी स्टील बनाने की प्रक्रियाओं को अम्लीय या क्षारीय में वर्गीकृत किया जा सकता है, जो दुर्दम्य और लावा के संयोजन पर निर्भर करता है।

- **अम्लीय प्रक्रियाएं** सिलिका (SiO_2) रिफ्रेक्ट्रीज का उपयोग करती हैं और परिचालन स्थितियों के तहत इस घटक के साथ संतृप्त होने वाले स्लैग को समायोजित करने में सक्षम होती हैं। चार्ज से कार्बन (C), मैंगनीज (Mn) और सिलिकॉन (Si) को खत्म करने के लिए अम्लीय प्रणालियों का उपयोग किया जा सकता है, लेकिन भागों के लिए अंतिम स्टील विनिर्देशों के भीतर कच्चे माल का चयन करने की आवश्यकता होती है।

- क्षारीय प्रक्रियाएँ भट्टी के भागों में मैग्नेसाइट (MgO) या समतुल्य अपवर्तन का उपयोग करती हैं जो पिघले हुए धातुमल और धातु से संपर्क करती हैं और चूने (CaO) की क्षतिपूर्ति मात्रा के साथ कम सिलिकल धातुमल को समायोजित करती हैं। ये प्रणालियाँ कार्बन (C), मैंगनीज (Mn) और सिलिकॉन (Si) को उतने ही प्रभावी ढंग से समाप्त कर सकती हैं जितना कि अम्लीय प्रणाली। वे फास्फोरस (P) और सल्फर (S) की प्रशंसनीय मात्रा को भी खत्म करते हैं।

चित्र: एक स्टील मिल। मिडजर्नी एआई (Midjourney AI) द्वारा उत्पन्न कला।

तकनीकी रूप से, स्टील के विशेष ग्रेड के लिए प्रभावी रूप से उपलब्ध कच्चे माल और ताप स्रोतों का उपयोग करने के लिए प्रक्रियाओं को निम्नलिखित तीन मुख्य प्रकारों में बांटा जा सकता है:

- **वायवीय प्रक्रियाएं**: ऐसी प्रक्रियाओं में, सभी गर्मी चार्ज सामग्री की प्रारंभिक गर्मी सामग्री, मुख्य रूप से पिघला हुआ, और शोधन वर्गों

के थर्मोकिमिकल संतुलन से प्राप्त होती है। रिफाइनिंग का चयनात्मक ऑक्सीकरण हवा या वाणिज्यिक ऑक्सीजन को उड़ाने से पूरा होता है।

- **खुली चूल्हा प्रक्रियाएँ**: ऐसी प्रक्रियाओं में, ऊष्मा का प्रमुख स्रोत ईंधन का दहन होता है, आमतौर पर गैस या तेल। यह बदले में स्टील बनाने के तापमान को कुशलतापूर्वक प्राप्त करने के लिए हवा को पहले से गरम करने के पुनर्योजी सिद्धांत पर इसकी सफलता के लिए निर्भर करता है। इस उद्देश्य के लिए ब्लास्ट फर्नेस या ओपन ऑक्सीजन फर्नेस का उपयोग किया जाता है।
- **इलेक्ट्रिक आर्क फर्नेस प्रक्रियाएं**: यहां गर्मी का प्रमुख स्रोत विद्युत प्रवाह है, जो आर्क, या प्रतिरोध या दोनों प्रकार का हो सकता है। क्योंकि यह गर्मी ऑक्सीजन की उपस्थिति या अनुपस्थिति में उत्पन्न हो सकती है, विद्युत भट्टियां एक तटस्थ या गैर-ऑक्सीडाइजिंग वातावरण या निर्वात में काम कर सकती हैं। इस प्रकार, वे आसानी से ऑक्सीकृत तत्वों की महत्वपूर्ण मात्रा वाले मिश्रधातुओं के लिए पसंद किए जाते हैं या आवश्यक होते हैं, और अन्य विशेष ग्रेड के लिए भी जहां गैसों के बेहतर नियंत्रण की आवश्यकता होती है।

चित्र: यूक्रेन में एक खुली चूल्हा भट्टी. By Viktor Mácha - Own work, CC BY-SA 4.0, https://commons.wikimedia.org/w/index.php?curid=42224671

चित्र: इस्पात प्रगलन। मिडजर्नी एआई (Midjourney AI) द्वारा उत्पन्न कला।

7.3 उष्मा उपचार या धातुकर्म

धातुकर्म किसी पदार्थ को बिना पिघलाए गर्म करने और ठंडा करने की प्रक्रिया को दिया गया नाम है। प्लास्टिक विरूपण को गर्म करने और ठंडा करने के चरणों के अनुक्रम में शामिल किया जा सकता है, इस प्रकार थर्मो-मैकेनिकल उपचार को परिभाषित किया जा सकता है।

ताप उपचार के विशिष्ट उद्देश्यों में निम्नलिखित शामिल हैं:

- हार्डनिंग
- सुदृढ़ीकरण
- मृदु बनाना
- बेहतर दृढ़ता
- बेहतर मशीनीकरण
- तनाव से राहत
- बेहतर आयामी स्थिरता

गर्मी के उपचार को अक्सर विशेष नामों से जाना जाता है जैसे कि एनीलिंग, सामान्यीकरण, तनाव से राहत एनील्स, प्रोसेस एनील्स, हार्डिंग टेम्परिंग, मार टेम्परिंग, इंटरस्टीशियल एनीलिंग, कार्बराइजिंग, नाइट्राइडिंग, सॉल्यूशन एनील, एजिंग, वर्षा, सख्त और थर्मोमेकेनिकल उपचार।

सामान्य उपयोग में आने वाली सभी धातुओं और मिश्रधातुओं को प्रसंस्करण के दौरान किसी न किसी स्तर पर ऊष्मा-उपचारित किया जाता है। हालांकि, लोहे के मिश्र धातु, गर्मी के उपचार के लिए एक अनोखे तरीके से प्रतिक्रिया करते हैं क्योंकि बड़ी संख्या में चरण परिवर्तन हो सकते हैं जिन्हें प्रेरित किया जा सकता है। इसलिए, लौह और अलौह धातुओं के ताप उपचार पर अलग-अलग चर्चा करना सुविधाजनक है।

7.4 स्ट्रक्चरल (संरचनात्मक) स्टील

स्ट्रक्चरल स्टील इंजीनियरिंग संरचनाओं में इस्तेमाल होने वाले स्टील के लिए इस्तेमाल किया जाने वाला शब्द है, जो आमतौर पर ओपन-हेर्थ या इलेक्ट्रिक फर्नेस प्रक्रिया द्वारा निर्मित होता है। इन्हें एसिड-बेसेमर स्टील से बनाया जा सकता है। संरचनात्मक स्टील के भौतिक गुण और रासायनिक संरचना मानक विनिर्देशों द्वारा नियंत्रित होते हैं। विभिन्न निर्माण उद्देश्यों के लिए स्ट्रक्चरल स्टील को विभिन्न आकृतियों में गढ़ा जा सकता है।

7.5 स्टेनलेस स्टील

स्टेनलेस स्टील आमतौर पर लोहे पर आधारित मिश्र धातुओं के पूरे समूह के लिए उपयोग किया जाने वाला सामान्य नाम है जो क्रोमियम सामग्री के कारण जंग लगने और क्षरण के लिए अभूतपूर्व प्रतिरोध प्रदर्शित करता है। कार्बन की मात्रा के साथ 10% से अधिक क्रोमियम की मात्रा उपयुक्त रूप से कम रखने से लोहे को जंग-रोधी बना दिया जाता है।

निकेल (Ni) और मोलिब्डेनम (Mo) जैसे अन्य मिश्र धातु तत्वों को भी विविधता के साथ-साथ बेहतर गुणों का उत्पादन करने के लिए आधार संरचना में जोड़ा जा सकता है।

व्यावसायिक रूप से 100 से अधिक विभिन्न स्टेनलेस स्टील्स का उत्पादन किया जाता है, जिनमें से आधे मानकीकृत ग्रेड हैं। इनमें से कुछ को अधिक उचित रूप से स्टेनलेस आयरन कहा जा सकता है क्योंकि वे स्टील्स के रूप में कठोर नहीं होते हैं। अन्य असली स्टील्स हैं, जिनमें संक्षारण प्रतिरोध एक अतिरिक्त विशेषता बन जाता है। कुछ अन्य स्टील या लोहे के ठीक से नहीं हैं और उन्हें सामग्री के नए वर्ग के रूप में माना जा सकता है।

7.6 स्टील की सतह का सख्त होना (सरफेस हार्डनिंग)

सरफेस हार्डनिंग एक वाक्यांश है जिसका उपयोग कई प्रक्रियाओं में से एक द्वारा स्टील उत्पाद की सतह परत के चयनात्मक सख्त होने के लिए किया जाता है जिसमें संरचना में परिवर्तन के साथ या बिना माइक्रोस्ट्रक्चर में परिवर्तन शामिल होता है। सतही सख्तता तैयार उत्पाद को गुणों का एक संयोजन प्रदान करती है जो अकेले बल्क हीट ट्रीटमेंट द्वारा उत्पादित नहीं होता है। इनमें उच्च घिसाव प्रतिरोध, प्रभाव पर अच्छी क्रूरता, चक्रीय लोडिंग के परिणामस्वरूप होने वाली थकान से विफलता के लिए बेहतर प्रतिरोध, और स्थानीयकृत भार द्वारा सतह के इंडेंटेशन का प्रतिरोध शामिल हैं। विनिर्माण में अधिक लचीलापन प्राप्त करने के लिए सतह सख्त का उपयोग अक्सर पसंद किया जाता है।

प्रमुख सतह सख्त प्रक्रियाओं में निम्नलिखित शामिल हैं:

- **कार्बराइजिंग**: यह कार्बन को निम्न-कार्बन स्टील भागों की सतह परत में पेश करता है और उस परत को उच्च-कार्बन स्टील में परिवर्तित करता है, जिसे उपयुक्त ताप उपचार द्वारा कठोर किया जा सकता है।
- **कार्बोनाइट्राइडिंग, साइनाइडिंग और तरल कार्बराइजिंग** की संशोधित कार्बराइजिंग प्रक्रियाएं: ये प्रक्रियाएं, कार्बन की आपूर्ति के अलावा, नाइट्रोजन को सतह परत में पेश करती हैं। बाद के ताप उपचार पर इसका लाभकारी प्रभाव पड़ता है।
- **नाइट्राइडिंग**: इस प्रक्रिया में केवल नाइट्रोजन की आपूर्ति की जाती है और स्टील में मौजूद विशेष मिश्र धातु तत्वों के साथ प्रतिक्रिया करता है।
- **फ्लेम हार्डनिंग और इंडक्शन हार्डनिंग**: ये एक मध्यम कार्बन स्टील की सतह परत पर चुनिंदा रूप से लागू होने वाले हीट ट्रीटमेंट पर निर्भर करते हैं।

- **सरफेस वर्किंग**: यह शॉट पीनिंग, सरफेस रोलिंग, या एक मजबूत केस, कंप्रेसिव स्ट्रेस और एक चिकनी सतह का निर्माण करके बेहतर थकान प्रतिरोध पेश करके किया जाता है।

7.7 फेरोलॉयज (लौह मिश्र धातु)

लौह मिश्र धातु इस्पात उद्योग के लिए आवश्यक धातु के कच्चे माल के एक महत्वपूर्ण समूह के सदस्य हैं। वे सिलिकॉन और मैंगनीज जैसे संयोजनों के सिद्धांत स्रोत हैं, जिनकी आवश्यकता सबसे सरल सादे-कार्बन स्टील्स के लिए भी होती है, और क्रोमियम, वैनेडियम, टंगस्टन, टाइटेनियम और मोलिब्डेनम जो कम और उच्च मिश्र धातु स्टील्स दोनों में उपयोग किए जाते हैं।

फेरोलॉयज इस मायने में अद्वितीय हैं कि वे भंगुर हैं और अन्यथा किसी भी सेवा अनुप्रयोग के लिए अनुपयुक्त हैं, लेकिन वे इंजीनियरिंग मिश्र धातुओं के निर्माण में उपयोग के लिए इन तत्वों के सबसे किफायती स्रोत के रूप में महत्वपूर्ण हैं। अनिवार्य रूप से शुद्ध धातुओं के रूप में इन समान तत्वों को बहुत अधिक कीमत पर प्राप्त किया जा सकता है। फेरोलॉयज में महत्वपूर्ण मात्रा में लोहा होता है और आमतौर पर शुद्ध धातुओं की तुलना में कम पिघलने की सीमा होती है और इसलिए पिघला हुआ स्टील शुद्ध धातु की तुलना में अधिक आसानी से घुल जाता है। अन्य मामलों में, फेरोलॉयल में अन्य तत्व समाधान के दौरान ऑक्सीकरण के विरुद्ध महत्वपूर्ण तत्व की रक्षा करने के लिए काम करते हैं और इस प्रकार उच्च वसूली देते हैं। फेरोलॉयज का उपयोग डीऑक्सीडाइज़र के रूप में और स्टील को विशेष गुण देने के लिए एक निर्दिष्ट अतिरिक्त के रूप में किया जाता है।

7.8 निष्कर्ष

इस अध्याय में हमने स्टील के निर्माण की विभिन्न प्रक्रियाओं पर चर्चा की है।

अध्याय 8: भारत में लौह और स्टील (इस्पात) के निर्माण संयंत्र और कंपनियां

इस अध्याय में हम भारत में लोहा और इस्पात उद्योग का परिचय देंगे। हम संक्षेप में भारत में प्रमुख इस्पात संयंत्रों और कंपनियों की चर्चा करते हैं।

8.1 भारत में लौह अयस्क के स्थान

स्टील लौह अयस्क से निकाला जाता है। इसलिए, लौह अयस्क की अधिक मात्रा वाले स्थान भी इस्पात उत्पादन में मदद करने में सक्षम होंगे।

लौह अयस्क मिट्टी में पाए जाने वाले खनिज हैं जिनसे लोहा निकाला जाता है, जिसे बाद में स्टील बनाने के लिए परिष्कृत किया जा सकता है।

भारत में लौह अयस्क का कुल पुनर्प्राप्ति करने योग्य भंडार हेमेटाइट का लगभग 9602 मिलियन टन (MT) और मैग्नेटाइट का 3408 MT है।

भारत में लौह अयस्क के प्रमुख उत्पादन वाले राज्य इस प्रकार हैं:

- छत्तीसगढ
- मध्य प्रदेश
- कर्नाटक
- झारखंड
- ओडिशा
- गोवा
- महाराष्ट्र
- आंध्र प्रदेश
- केरल
- राजस्थान
- तमिलनाडु

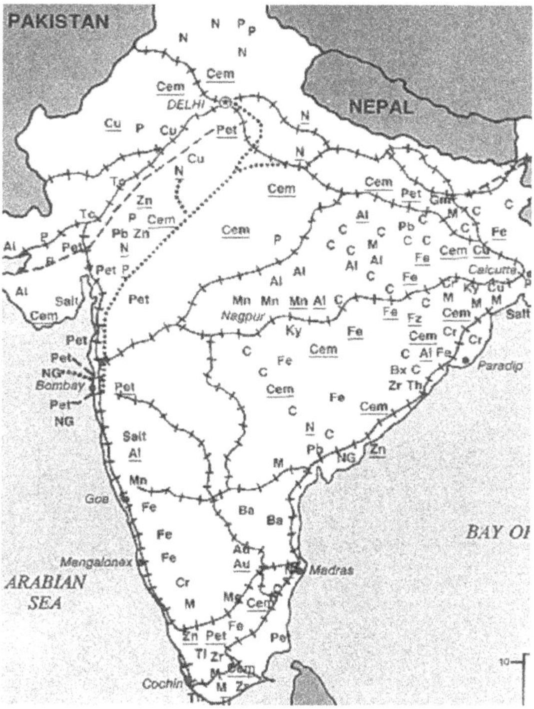

चित्र: यूनाइटेड स्टेट्स जियोलॉजिकल सर्वे के अनुसार भारत में आयरन (Fe) और अन्य खनिजों का वितरण। United States Geological Survey, Public domain, via Wikimedia Commons

8.2 भारत में इस्पात उद्योग का परिचय

भारत स्टील के दुनिया के सबसे बड़े उत्पादकों में से एक है।

भारत सरकार के आंकड़ों के अनुसार (steel.gov.in), भारत ने FY2024-25 में 151.14 मिलियन टन (MT) कच्चे इस्पात का उत्पादन किया, जिससे यह दुनिया में कच्चे इस्पात का दूसरा सबसे बड़ा उत्पादक बन गया। भारत

FY2024-25 में 150.23 MT के साथ तैयार स्टील का दूसरा सबसे बड़ा उपभोक्ता भी है।

8.3 भारत में इस्पात संयंत्र और कंपनियां

भारत में स्टील कंपनियां सार्वजनिक क्षेत्र (PSU) और निजी क्षेत्र का मिश्रण हैं। कुछ शीर्ष इस्पात कंपनियां इस प्रकार हैं:

- **स्टील अथॉरिटी ऑफ इंडिया लिमिटेड या सेल**: यह सबसे बड़ी स्टील उत्पादक कंपनी है। यह सरकार के स्वामित्व वाला एक PSU है और राउरकेला, भिलाई, बोकारो, आसनसोल में विशाल एकीकृत इस्पात संयंत्रों के साथ-साथ भद्रावती, दुर्गापुर और सलेम में विशेष इस्पात संयंत्रों का संचालन करता है। छत्तीसगढ़ में भिलाई इस्पात संयंत्र सेल का प्रमुख संयंत्र है और भारत के सबसे बड़े इस्पात संयंत्रों में से एक है।
- **टाटा स्टील लिमिटेड**: यह भारत की सबसे पुरानी स्टील कंपनियों में से एक है। यह टाटा समूह का हिस्सा है और सेल के बाद दूसरी सबसे बड़ी स्टील कंपनी है। जमशेदपुर में इसके स्टील प्लांट हैं। टाटा स्टील की भारत में कुल क्षमता 21.6 MTPA है (जमशेदपुर, कलिंगानगर और मेरामांडली)। 2024 में कलिंगानगर संयंत्र का विस्तार 3 MTPA से 8 MTPA तक किया गया। कंपनी 2045 तक कार्बन तटस्थता का लक्ष्य रखती है।
- **JSW स्टील**: इसका गठन इस्पात स्टील और जिंदल विजयनगर स्टील के विलय से हुआ था। जेएसडब्ल्यू समूह का हिस्सा होने के कारण यह भारत की सबसे बड़ी सबसे बड़ी स्टील कंपनी हैहै। JSW स्टील की स्थापित क्षमता FY25 में 29.5 MTPA थी और 2030 तक 51.5 MTPA का लक्ष्य है। फरवरी 2025 में JSW समूह ने महाराष्ट्र के गढ़चिरोली में 25 MT क्षमता का इस्पात संयंत्र स्थापित करने के लिए ₹1,00,000 करोड़ के निवेश की घोषणा की।

- **जिंदल स्टील एंड पावर लिमिटेड और जिंदल आयरन एंड स्टील**: वे निजी तौर पर स्वामित्व में हैं, और कई उद्योगों में काम करते हैं।
- **राष्ट्रीय इस्पात निगम लिमिटेड**: यह सरकार के स्वामित्व वाला PSU है।
- **एस्सार स्टील / आर्सेलर मित्तल**: यह निजी स्वामित्व में है और इसके कई देशों में संयंत्र हैं।

8.4 निष्कर्ष

इस अध्याय में हमने भारत में लौह अयस्क उत्पादक क्षेत्रों और सबसे बड़ी इस्पात बनाने वाली कंपनियों और इस्पात संयंत्रों के बारे में संक्षेप में चर्चा की हैहै। FY2024-25 में भारत की इस्पात उत्पादन क्षमता 205 MT तक पहुँच गई है और 2030 तक 300 MT का लक्ष्य है। SAIL, टाटा स्टील, JSW और AM/NS India की विस्तार योजनाएँ इस लक्ष्य को वास्तविकता बनाने की दिशा में आगे बढ़ रही हैं।

अध्याय 9: चीनी का परिचय

इस अध्याय में हम चीनी उद्योग का परिचय देंगे। हम गन्ने के पौधे और गन्ने की खेती के क्षेत्रों से शुरू करते हैं।

9.1 गन्ने का परिचय

गन्ने का पौधा चीनी का स्रोत है। इसका लैटिन नाम *Saccarum Officianarum* है जो घास परिवार का सदस्य है। गन्ने की फसल 15000 से 8000 ईसा पूर्व के आसपास न्यू गिनी में उत्पन्न हुई थी और बाद में आदिम लोगों द्वारा पश्चिम की ओर दक्षिण पूर्व एशिया और भारत में और पूर्व में पोलिनेशिया में ले जाया गया। गन्ने की अधिकांश वर्तमान व्यावसायिक किस्में संकर हैं।

चित्र: गन्ना जो काटा गया है. By Rufino Uribe - caña de azúcar, CC BY-SA 2.0, https://commons.wikimedia.org/w/index.php?curid=1155927

9.2 गन्ने की खेती

गन्ना एक असाधारण रूप से लंबी बारहमासी घास है जिसकी खेती आमतौर पर वृक्षारोपण में, उष्णकटिबंधीय और उपोष्णकटिबंधीय क्षेत्रों में, इसकी सुक्रोज सामग्री और गुड़ और खोई जैसे उप-उत्पादों के लिए की जाती है। यह पौधा 1.25-7.25 सेंटीमीटर व्यास और 6-7 मीटर ऊंचाई तक पहुंचने वाले बेलनाकार डंठल के गुच्छों में बढ़ता है। ये डंठल, जिसमें एक सैप होता है जिससे चीनी संसाधित होती है, जोड़ों द्वारा खंडित होती है, जिनमें से प्रत्येक में एक कली या आंख होती है जो लगाए जाने पर अंकुरित होगी।

9.3 गन्ने की खेती के क्षेत्र

गन्ना पूरे कैरिबियन में, मध्य और दक्षिण अमेरिका में, भारत में, प्रशांत द्वीपों में, ऑस्ट्रेलिया, मध्य और दक्षिण अफ्रीका, मॉरीशस और दक्षिणी संयुक्त राज्य अमेरिका में उगाया जाता है। कुछ छोटे देशों नें, चीनी फसल निर्यात धन का एक बड़ा हिस्सा बनाती है, जैसे कि मॉरीशस में 80% तक।

चित्र: गन्ने का खेत। मिडजर्नी एआई (Midjourney AI) द्वारा उत्पन्न कला।

गन्ने की खेती का मुख्य उपयोग चीनी का उत्पादन है। हालाँकि इसके बजाय रम का उत्पादन करने के लिए इसे किण्वित और आसुत किया जा सकता है। सेल्युलोज सामग्री, खोई, जो दबाने के बाद बची रहती है, का उपयोग कागज के उत्पादन में किया जा सकता है।

अनुकूल परिस्थितियों और कीटनाशकों और उर्वरकों के उचित उपयोग के तहत गन्ना तेजी से बढ़ता है। अधिकतम चीनी सामग्री सुनिश्चित करने के लिए, कुल वजन का 10-17% तक, इसकी अंतिम वृद्धि अवधि तक पहुंचने के तुरंत बाद इसकी कटाई की जानी चाहिए। लंबे चाकुओं का उपयोग करके हाथ से काटने में, गन्ने को जमीन के पास से काटा जाता है, पत्तियों को उतार दिया जाता है और प्रसंस्करण के लिए तैयार डंठलों को सुविधाजनक छोटी लंबाई में काट दिया जाता है। हाथ से काटना वहाँ प्रबल

होता है जहाँ प्रचुर श्रम उपलब्ध होता है या जहाँ गन्ने के खेतों की ख़ासियत मशीनरी के लिए बाधाएँ पेश करती हैं। कटाई के दौरान बड़ी संख्या में प्रवासी या मौसमी श्रमिकों को रोजगार मिलता है।

9.4 निष्कर्ष

इस अध्याय में हमने गन्ने के पौधे से चीनी निकालने और गन्ने की खेती के बारे में कुछ बुनियादी बातों पर चर्चा की है।

अध्याय 10: चीनी उत्पादन की प्रक्रिया

इस अध्याय में हम गन्ने के पौधे और चुकंदर के पौधे से लेकर चीनी के उत्पादन तक चीनी के उत्पादन की प्रक्रिया पर चर्चा करते हैं। कॉर्न सिरप और शहद चीनी के अन्य स्रोत हैं, इसलिए हम उनकी भी संक्षेप में चर्चा करते हैं।

10.1 गन्ने से चीनी को अलग करने की प्रक्रिया

बड़े कारखानों में मिलिंग प्रक्रिया या प्रसार प्रक्रिया द्वारा चीनी को आम तौर पर गन्ने से निकाल दिया जाता है:

- **मिलिंग प्रक्रिया** गन्ने के डंठल को कुचल देती है, जब वे बड़े धातु रोलर्स की एक श्रृंखला के बीच से गुजरते हैं। यह फाइबर या खोई को चीनी से लदे रस से अलग करता है।
- **प्रसार प्रक्रिया** चीनी को गर्म पानी या गर्म रस में घोलकर और फिर छानकर बारीक कटे डंठल से अलग करती है।
- रस का प्रसंस्करण गैर-चीनी घटकों को हटाने के लिए स्पष्टीकरण द्वारा, पानी निकालने के लिए वाष्पीकरण द्वारा और अपकेंद्रित्र चीनी का उत्पादन करने के लिए उच्च गति वाले सेंट्रीफ्यूज में गुड़ को हटाने के द्वारा पूरा किया जाता है। यह प्रक्रिया, जिसके द्वारा चीनी के क्रिस्टल बनते हैं, **क्रिस्टलीकरण** के रूप में जाना जाता है।

खोई और शीरा गन्ने के प्रसंस्करण के प्रमुख उप-उत्पाद हैं। गुड़ में सिरप होता है जिसमें अन्य अशुद्धियों के साथ 55% तक चीनी होती है।

10.2 चुकंदर-चीनी का प्रसंस्करण

गन्ने के अलावा, चीनी का एक अन्य स्रोत चुकंदर का पौधा है, प्रजाति का नाम बीटा वल्गेरिस *(beta vulgaris)* है।

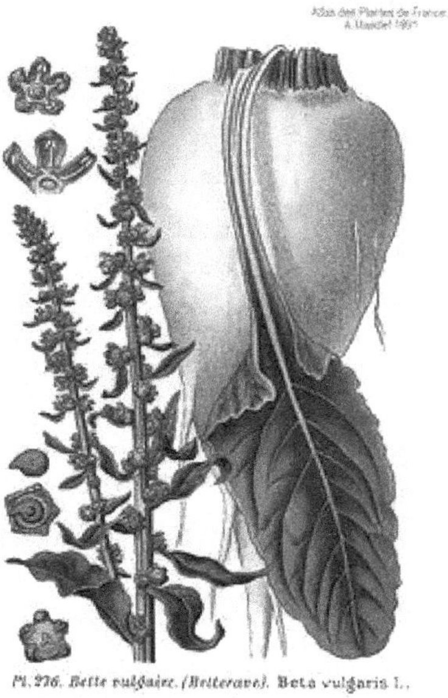

चित्र: चुकंदर। चुकंदर की जड़, पत्ती और फूल पैटर्न का चित्रण। Amédée Masclef, Public domain, via Wikimedia Commons

चुकंदर से चीनी बनाने की प्रक्रिया में कई चरण होते हैं जिन्हें समय के साथ परिष्कृत और बेहतर किया गया है।

चुकंदर में चीनी की मात्रा 15% से 18% के बीच होती है। सबसे पहले उन्हें बीट वॉशर में साफ किया जाता है। फिर उन्हें चुकंदर स्लाइसर में काटा जाता है और इस प्रकार प्राप्त कॉसेट्स को स्केलर के माध्यम से विसारक में ले जाया जाता है जहां चुकंदर में निहित अधिकांश चीनी गर्म पानी से निकाली जाती है। डी-शुगराइज्ड कॉसेट्स, जिन्हें अब पल्प कहा जाता है, यांत्रिक रूप से दबाए जाते हैं और गर्मी से सूख जाते हैं। लुगदी में अभी भी

कई पोषक तत्व होते हैं और इसका उपयोग पशु चारे के रूप में किया जाता है।

विसारक में प्राप्त कच्चे रस में चीनी के अलावा कई गैर-चीनी अशुद्धियाँ होती हैं। इन अशुद्धियों को चूने और कार्बन डाइऑक्साइड मिलाकर अवक्षेपित किया जाता है और फिर छान लिया जाता है। कच्चे रस में चीनी की मात्रा 12 से 14% होती है। यह पतला रस तब बाष्पीकरण करने वालों में लगभग 65 से 70% शुष्क पदार्थ में केंद्रित होता है। इस गाढ़े जूस को वैक्यूम पैन में 70 डिग्री सेंटीग्रेड के तापमान पर क्रिस्टल बनने तक उबाला जाता है। इसे मिक्सर में छोड़ दिया जाता है और फिर क्रिस्टल के आसपास के तरल को अलग कर दिया जाता है।

इस प्रकार चीनी के क्रिस्टल से अलग किए गए कम सिरप में अभी भी चीनी होती है जिसे क्रिस्टलीकृत किया जा सकता है। डी-शुगरिंग प्रक्रिया तब तक जारी रहती है जब तक कि यह किफायती न हो जाए। अंतिम क्रिस्टलीकरण के बाद बची चाशनी को गुड़ कहा जाता है।

सुखाने और ठंडा करने के बाद, चीनी को ज्यादातर साइलो में संग्रहित किया जाता है, जहां पर्याप्त रूप से वातानुकूलित होने पर इसे व्यावहारिक रूप से असीमित समय के लिए रखा जा सकता है। प्रसंस्करण अंतरराष्ट्रीय मानकों के अनुरूप उच्च गुणवत्ता की सफेद चीनी प्राप्त करना संभव बनाता है।

गुड़ के स्लाइस में लगभग 60% चीनी होती है और गैर-चीनी अशुद्धियों के साथ-साथ मूल्यवान पशु चारा और साथ ही कई सूक्ष्मजीवों के लिए एक आदर्श माध्यम बनता है। गुड़ का एक हिस्सा सूखने से पहले चीनी के समाप्त होने वाले कॉसेट्स (पल्प) में जोड़ा जाता है, जिससे पशु आहार बनता है। गुड़ का उपयोग खमीर और शराब के उत्पादन के लिए भी किया जाता है।

10.3 चुकंदर चीनी कारखानों में काम करने की स्थिति

अत्यधिक मशीनीकृत चुकंदर उद्योग में, चुकंदर को 3 से 4 महीने के तथाकथित अभियान के दौरान चीनी में बदल दिया जाता है। इस दौरान फैक्ट्रियां लगातार काम करती हैं यानी कर्मी 3 से 4 शिफ्ट में काम करते हैं. कार्यभार से निपटने के लिए सहायक अभियान कर्मियों द्वारा उनकी संख्या में थोड़ी वृद्धि की जाती है। ऑफ सीजन के दौरान, कारखानों में आवश्यक मरम्मत, रखरखाव और विस्तार का काम किया जाता है। यही कारण है कि चीनी मिलों को बड़ी संख्या में कुशल श्रमिकों की आवश्यकता होती है।

चुकंदर चीनी कारखानों में काम करने की स्थिति बाकी उद्योग से बहुत अलग नहीं है। ट्रेड यूनियन आमतौर पर मौजूद होते हैं जो नियोक्ताओं के साथ सामूहिक समझौते करते हैं। श्रमिकों की सुरक्षा के लिए भारत में कानून भी काफी विस्तृत है।

10.4 चुकंदर चीनी कारखानों में खतरे और उनकी रोकथाम

चुकंदर चीनी कारखाने ज्यादातर ग्रामीण इलाकों में या 10000 निवासियों या उससे कम वाले शहरों में स्थित हैं। ऐसी परिस्थितियों में अच्छे अस्पताल और अन्य बुनियादी ढाँचे जैसे स्कूल मिलना मुश्किल हो सकता है।

चुकंदर चीनी कारखानों की कामकाजी परिस्थितियों में कोई जहरीली गैसें या वायुजनित धूल नहीं होती हैं। कुछ क्षेत्रों में तापमान 38 से 40 डिग्री सेल्सियस के आसपास उच्च होता है, लेकिन सापेक्षिक आर्द्रता शायद ही कभी 70% से अधिक हो। कुछ कारखानों में, वातानुकूलित विद्युत नियंत्रण पैनल स्थापित किए गए हैं।

10.5 गन्ना चीनी का उत्पादन

गन्ने की चीनी के उत्पादन के लिए, चीनी मिल में, गन्ने को कुचला जाता है और रस को भारी रोलर्स द्वारा निकाला जाता है। उपचारित प्रत्येक 100

किग्रा गन्ने से 75 किग्रा रस प्राप्त होता है: एक अपारदर्शी, हरा-भूरा, क्षारीय तरल। रस में सैकैरोज, ग्लूकोज, लावुलोज, कार्बनिक लवण और अम्ल घोल में होते हैं। यह खोई फाइबर, ग्रिट, मिट्टी, रंग पदार्थ, अंडे की सफेदी और पेक्टिन निलंबन में मिलाया जाता है। एल्बमेन और पेक्टिन के कारण, रस को ठंडा नहीं किया जा सकता है: अशुद्धियों को खत्म करने और सैकरोज प्राप्त करने के लिए गर्मी और रासायनिक एजेंटों की आवश्यकता होती है।

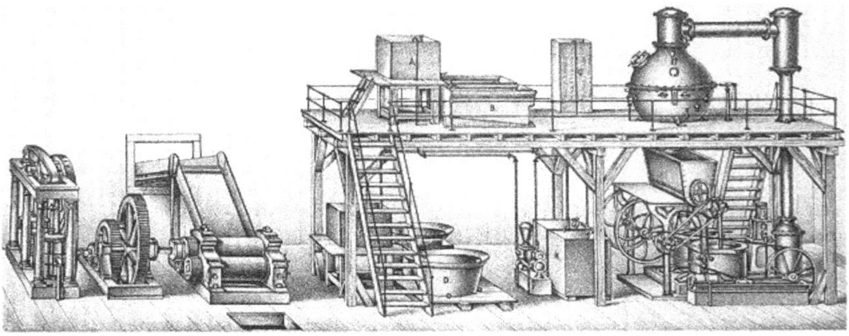

चित्र: गन्ना मिल और उबालने का उपकरण. Morris, Tasker & Co., *Public domain, via Wikimedia Commons.*

परिणामी रस का प्रसंस्करण हीटिंग के माध्यम से किया जाता है और इसमें चूने पर आधारित अवक्षेपक मिलाए जाते हैं। एक बार स्पष्ट होने के बाद, रस को वैक्यूम वाष्पीकरण द्वारा तब तक केंद्रित किया जाता है जब तक कि यह भूरे रंग के क्रिस्टल के रूप में अवक्षेपित न हो जाए।

केंद्रित रस या गुड़ में 45% पानी होता है। अपकेंद्रित्र उपचार से भूरे रंग की दानेदार चीनी का उत्पादन होता है, जिसे अक्सर ब्राउन शुगर कहा जाता है, जिसके लिए बाजार में मांग है। सफेद चीनी, दूसरी ओर, एक शोधन प्रक्रिया के माध्यम से प्राप्त की जाती है। रिफाइनरियों में, ब्राउन शुगर को सल्फ्यूरिक एनहाइड्राइड और फॉस्फोरिक एसिड जैसे रसायनों के साथ घोला जाता है और वांछित शुद्धता के अनुसार फ़िल्टर किया जाता है।

फ़िल्टर्ड सिरप वैक्यूम में तब तक वाष्पित हो जाता है जब तक कि यह क्रिस्टलीकृत न हो जाए। सेंट्रीफ्यूगेशन तब तक लगाया जाता है जब तक कि एक सफेद क्रिस्टलीय पाउडर प्राप्त नहीं हो जाता।

10.6 शर्करा के स्रोत के रूप में शहद

शहद चीनी का एक अन्य प्राकृतिक स्रोत है। इसे मधुमक्खियां मकरंद या मधुरस एकत्रित फूलों से बनाती हैं। शहद निकालने के उद्देश्य से मधुमक्खियों की खेती कृत्रिम छत्ते या मधुमक्खी कालोनियों में की जाती है। फूलों के मकरंद में 80% तक पानी की मात्रा अधिक होती है।

चित्र: हनी डिपर के साथ शहद का एक जार. *Scott Bauer, USDA ARS, Public domain, via Wikimedia Commons*

वनवासी मधुमक्खियां फूलों से मकरंद एकत्र करती हैं और अपने शहद के पेट में जमा करती हैं, फिर छत्ते में लौटती हैं और फिर से उगलती हैं और मकरंद को छत्ते की मधुमक्खियों में स्थानांतरित करती हैं, जो शहद को अपने स्वयं के पेट में जमा करते हैं, पचाते हैं और फिर से उगलते हैं। पानी का एक हिस्सा छत्ते में वाष्पित हो जाता है, जिससे शहद की सघनता बढ़ जाती है, जब तक कि यह लगभग 18% पानी की मात्रा के समाप्त सांद्रण तक नहीं पहुँच जाता।

इसके बाद कृत्रिम छत्ते से शहद निकाला जाता है। मधुमक्खी पालकों द्वारा छत्ते में मधुमक्खियों को शांत करने और शहद के सुरक्षित निष्कर्षण को सक्षम करने के लिए धुएं का उपयोग किया जाता है।

शुद्ध प्राकृतिक शहद में अच्छे परिरक्षण गुण होते हैं और कुछ वर्षों की लंबी शेल्फ लाइफ होती है। कभी-कभी बेचने से पहले शहद में अन्य शक्कर और सिरप मिलाए जाते हैं।

10.7 चीनी के स्रोत के रूप में कॉर्न सिरप

कॉर्न सिरप मकई या मक्का के स्टार्च से बनाया जाता है। इसमें अलग-अलग मात्रा में ग्लूकोज और अन्य ओलिगोसेकेराइड होते हैं।

ऐतिहासिक रूप से, कॉर्न सिरप को कॉर्न स्टार्च में पतला हाइड्रोक्लोरिक एसिड मिलाकर बनाया गया था। फिर मिश्रण को दबाव में गर्म किया जाता है, जिसे किरचॉफ प्रक्रिया के रूप में जाना जाता है।

एक अन्य निर्माण प्रक्रिया मकई स्टार्च और पानी के मिश्रण में एक एंजाइम α-amylase जोड़कर होती है, जो स्टार्च को ओलिगोसेकेराइड में तोड़ देती है। इसके बाद ग्लूकोअमाइलेज़ नामक एक अन्य एंजाइम जोड़ा जाता है जो परिणामी यौगिक को ग्लूकोज अणुओं में तोड़ देता है। अंत में, परिणामी यौगिक को D-xylose isomerase एंजाइम से भरे एक स्तंभ के माध्यम से पारित किया जाता है जो इसे फ्रुक्टोज में बदल देता है।

मकई का शरबत आमतौर पर खाने में गाढ़ा और मीठा बनाने के लिए इस्तेमाल किया जाता है।

10.8 निष्कर्ष

इस अध्याय में हमने गन्ना, चुकंदर, शहद और मकई सहित विभिन्न स्रोतों से चीनी के निर्माण की प्रक्रिया पर संक्षेप में चर्चा की है।

अध्याय 11: भारत में चीनी उद्योग

इस अध्याय में हम भारत में चीनी उद्योग पर चर्चा करेंगे।

11.1 भारत के चीनी उद्योग का परिचय

गन्ना भारतीय उपमहाद्वीप का मूल पौधा है। चीनी का उत्पादन और उपयोग प्राचीन काल से भारत में भोजन के स्वाद के रूप में किया जाता रहा है।

भारत दुनिया का सबसे बड़ा चीनी उत्पादक है, जिसके पास 2024-25 में 34.5 मिलियन टन से अधिक चीनी का उत्पादन हुआ है। यहां 500 से ज्यादा चीनी मिलें हैं।

भारत की अधिकांश चीनी का उत्पादन गन्ने से होता है। उत्तर प्रदेश भारत में लगभग 47% चीनी का उत्पादन करता है और सबसे अधिक चीनी उत्पादक राज्य है, इसके बाद महाराष्ट्र (22%) और कर्नाटक का स्थान आता है। भारत की एथनॉल मिश्रण कार्यक्रम (EBP) में उल्लेखनीय प्रगति हुई है — 2014 में 1.53% से बढ़कर 2024 में लगभग 15.4% तक। सरकार का लक्ष्य 2025-26 तक 20% मिश्रण (E20) है। नवंबर 2025 से गन्ने के रस, सिरप और शीरे से एथनॉल उत्पादन पर सभी मात्रात्मक प्रतिबंध हटा दिए गए हैं। भारत अब अमेरिका और ब्राजील के बाद दुनिया का तीसरा सबसे बड़ा एथनॉल उत्पादक देश है।

11.2 इंडिया शुगर मिल्स एसोसिएशन

इंडिया शुगर मिल्स एसोसिएशन या ISMA भारत में प्रमुख चीनी संगठन है। यह 1932 में स्थापित किया गया था और इसके सदस्यों में भारत भर में 532

से अधिक चीनी मिलें शामिल हैं, जिनमें सरकारी और निजी दोनों चीनी मिलें शामिल हैं। इसमें भारत में उत्पादित कुल चीनी का 50% शामिल है।

चित्र: भारत में चीनी मिल

11.3 भारतीय गन्ना अनुसंधान संस्थान (IISR) और केंद्रीय गन्ना अनुसंधान संस्थान (CSRI) और राष्ट्रीय शर्करा संस्थान (NSI)

गन्ना उत्पादन और चीनी उद्योग के विभिन्न पहलुओं में अनुसंधान के लिए IISR और CSRI और NSI भारत में महत्वपूर्ण सरकारी अनुसंधान संस्थान हैं। IISR लखनऊ, उत्तर प्रदेश में, CSRI तमिलनाडु में कोयम्बटूर में और NSI कानपुर, उत्तर प्रदेश में स्थित है। IISR और CSRI भारतीय कृषि अनुसंधान परिषद के अधीन हैं। NSI भारत सरकार के खाद्य और सार्वजनिक वितरण विभाग के अधीन है।

अध्याय 12: निष्कर्ष

इस पुस्तक में, हमने भारत में तीन महत्वपूर्ण उद्योगों का परिचय दिया है, जो एल्यूमीनियम, स्टील और चीनी उद्योग हैं। एल्युमिनियम और स्टील धातु उत्पाद हैं जो कई उद्योगों में अनुप्रयोगों के साथ महत्वपूर्ण भूमिका निभाते हैं।

भारत में घरेलू बाजार में उनके महत्व के अलावा, इन तीनों उद्योगों में भारत का दुनिया में एक महत्वपूर्ण स्थान है। इसलिए, इन उद्योगों और उनके संचालन के बारे में कुछ जानकारी होना महत्वपूर्ण है।

आशा है कि इस पुस्तक ने रुचि रखने वाले पाठकों को इनमें से प्रत्येक उद्योग का कुछ परिचयात्मक ज्ञान प्रदान किया है।

लेखक के बारे में

शिव प्रसाद बोस भारतीय कानूनों के पहलुओं से संबंधित कई परिचयात्मक गाइडबुक के लेखक हैं। वह वर्तमान में लखनऊ में उत्तर प्रदेश पावर कॉर्पोरेशन लिमिटेड में कई वर्षों की सेवा के बाद सेवानिवृत्त हुए हैं। उन्होंने कोलकाता के जादवपुर विश्वविद्यालय से इलेक्ट्रिकल इंजीनियरिंग की डिग्री प्राप्त की और मेरठ विश्वविद्यालय, मेरठ से कानून की डिग्री और एमएमएच कॉलेज गाजियाबाद से बीएससी किया। उनकी रुचि परिवार कानून, नागरिक कानून, अनुबंधों के कानून और बिजली से संबंधित मुद्दों से संबंधित कानून के क्षेत्रों में है।

शिव प्रसाद बोस की अन्य पुस्तकें

वसीयत और प्रोबेट का परिचय: भारतीय कानून के अनुसार

वरिष्ठ नागरिकों से दुर्व्यवहार: और इसे कैसे रोका जाये

पड़ोसियों के साथ समस्याएं: और इनसे कैसे निपटें

अदालती मुकदमों में मानसिक शक्ति बढ़ाएं

परक्राम्य लिखतों का परिचय

विवाह कानूनों का परिचय

पुस्तकों और ई-पुस्तकों को स्वयं प्रकाशित करें

अदालती मामलों में देरी: कारण और समाधान

पेटेंट और पेटेंट कानून का परिचय

संपत्ति कानून का परिचय

टॉर्ट कानून का परिचय

नई दिल्ली में छोटा बंगाल: चित्तरंजन पार्क गाइडबुक